Sitzungsberichte
der Akademie der Wissenschaften
der DDR
Mathematik — Naturwissenschaften — Technik

Jahrgang 1985 · Nr. 4/N

Ausgewählte Probleme der Polymerforschung

Hermann Klare zum 75. Geburtstag

AKADEMIE-VERLAG · BERLIN
1985

Vorträge aus der Sitzung der Klasse Chemie am 17. Mai 1984 anläßlich des 75. Geburtstages von Hermann Klare, Vizepräsident der Akademie der Wissenschaften der DDR

Herausgegeben im Auftrage des Präsidenten der Akademie der Wissenschaften der DDR von Vizepräsident Prof. Dr. Heinz Stiller

ISSN 0138-3965
Erschienen im Akademie-Verlag, DDR-1086 Berlin, Leipziger Str. 3–4

Lizenznummer: 202 · 100/46/85
Printed in the German Democratic Republic
Gesamtherstellung: VEB Druckhaus Köthen
LSV 1275
Bestellnummer: 763 485 2 (2010/85/4/N)
00450

Inhalt

Werner Scheler

Laudatio

Sehr geehrter, lieber Herr Klare!
Verehrte Anwesende!

Die Klasse Chemie führt ihre heutige Sitzung anläßlich des 75. Geburtstages ihres Vorsitzenden Hermann Klare durch. Ich habe die Freude, zur Eröffnung dieser Sitzung zu sprechen und möchte gleich zu Beginn begründen, weshalb kein Festkolloquium zu Ehren unseres Jubilars stattfindet. In einem Gespräch zur Vorbereitung der heutigen Veranstaltung haben Sie, lieber Herr Klare, ausdrücklich darum gebeten, auf keinen Fall eine solche Veranstaltung mit der traditionellen Dreiteilung Laudatio – Festvorträge – Schlußwort durchzuführen, obwohl seitens der Klasse Chemie zunächst diese Würdigung beabsichtigt war.

Also haben sich heute Mitglieder und Gäste der Klasse Chemie, Vertreter von Forschungseinrichtungen und Industriebetrieben unseres Landes, Mitstreiter und Freunde unseres Jubilars zu einer Klassensitzung zusammengefunden, in deren Mittelpunkt sowohl Vorträge als auch Diskussionen zu einem Fachgebiet stehen, das untrennbar mit dem Namen Hermann Klare verbunden ist. Wir ehren mit dieser wissenschaftlichen Veranstaltung einen Wissenschaftler und zugleich auch Leiter und Organisator wissenschaftlicher Arbeit, dessen mehr als dreißigjähriges Wirken an unserer Akademie auf das engste mit der Entwicklung unserer Forschungsstätten im Zusammenhang steht. Das erfolgreiche Schaffen und der unermüdliche Einsatz von Hermann Klare als Akademiepräsident in den Jahren 1968 bis 1979 fanden ebenso wie seine Forschungsergebnisse auf den Gebieten, die er als Wissenschaftler bearbeitet und geprägt hat, hohe Anerkennung durch unsere Partei- und Staatsführung.

Lassen Sie mich Ihnen in diesem Kreise zu der erneuten hohen Auszeichnung mit dem Orden „Stern der Völkerfreundschaft“ in Gold ganz herzlich gratulieren.

Über die Stationen des beruflichen Lebensweges des Jubilars ist in vorangegangenen Laudationes bereits ausführlich vorgetragen worden. Ich bin sicher, daß Sie es mir, lieber Herr Klare, und alle hier Anwesenden verzeihen werden, wenn ich daher nicht versuche, das Gesamtbild der wissenschaftlichen Entwicklung mit allen Lebensdaten nachzuzeichnen, zumal allen Teilnehmern der Klassensitzung diese Fakten – größtenteils aus eigenem Erleben – bestens bekannt sind.

Lieber Herr Klare! In dieser Würdigung möchte ich daher nur einige wenige ausgewählte Gebiete Ihres Schaffens in den Vordergrund stellen, auf denen Sie besonders auch in den jüngst vergangenen Jahren Ihren persönlichen Einfluß geltend gemacht haben.

Als Präsident der Akademie der Wissenschaften der DDR setzten Sie Ihr Wissen und Können, Ihre reichen Erfahrungen und Ideen für die wissenschaftliche Forschung und deren volkswirtschaftliche Anwendung, letztlich also für den Aufbau des Sozialismus in unserem Lande, ein. In der Laudatio zum 70. Geburtstag wurden die dabei von Ihnen geleisteten Beiträge gewürdigt. Heute möchte ich als Ihr Amtsnachfolger im Namen des Präsidiums unserer Akademie den Dank aussprechen für den wertvollen Rat, den Sie uns dann weiterhin als Vizepräsident und als Vorsitzender der Klasse Chemie im Präsidium der Akademie zuteil werden ließen.

Im Mai 1980 wurden Sie zum Vorsitzenden der Klasse Chemie unserer Akademie berufen. Ich darf mit Genugtuung feststellen, daß die Klasse Chemie unter Ihrer Leitung eine Reihe von Beiträgen zur Entwicklung dieses Wissenschaftsgebietes leistete, wobei ich die enge Verknüpfung der in der Klasse behandelten Themen mit den Hauptproblemen unserer Programme der Grundlagenforschung hervorheben und auch die Behandlung von Fragen aus den Grenzgebieten der Chemie nennen möchte. Es ist eines Ihrer Verdienste, daß Sie sich ständig erfolgreich darum bemühen, mit Vorträgen und Diskussionen die Chemiker unterschiedlichster Spezialrichtungen und auch Vertreter benachbarter Wissenschaftsdisziplinen in die Tätigkeit der Klasse Chemie einzubeziehen und somit – auch durch enge Kopplung und Abstimmung mit den wissenschaftlichen Veranstaltungen der Chemischen Gesellschaft der DDR – ein vielbeachtetes Podium für den wissenschaftlichen Meinungsaustausch in unserem Lande schaffen. Ihrem engagierten Einsatz haben wir eine Reihe wichtiger Stellungnahmen der Klasse Chemie zu Grundsatzfragen der Wissenschaftsentwicklung zu verdanken, die bei der Entscheidungsfindung eine richtungsweisende Unterstützung darstellen.

Bei der Gestaltung des wissenschaftlichen Lebens in der Klasse legen Sie großen Wert darauf, daß neben der sicher wichtigen Behandlung von Übersichtsvorträgen über neue Entwicklungsrichtungen der Fachdisziplin verstärkt auch aktuelle Ergebnisse aus den Forschungseinrichtungen unseres Landes in den Mittelpunkt der Diskussionen gerückt werden. Aus dem Programm der heutigen Sitzung ist zu ersehen, daß diesem Grundanliegen ebenfalls Rechnung getragen wurde.

In Ihrer eigenen wissenschaftlichen Tätigkeit haben Sie, lieber Herr Klare, stets verstanden, entsprechend dem Leitspruch „theoria cum praxi" Erkenntnisvorlauf und Praxiswirksamkeit zu verbinden und gleichzeitig durch eine komplexe Herangehensweise und Ihre erfolgreiche Tätigkeit auf verschiedenen Arbeitsgebieten die interdisziplinäre Arbeit zu fördern.

Nach einer mit summa cum laude abgeschlossenen Promotion über ein Thema zur Diels-Alder-Synthese unter Leitung von Otto Diels führte Sie Ihre erste berufliche Tätigkeit im Werk Wolfen auf das Gebiet der Chemiefaserstoffe, auf dem Sie unter den verschiedensten Aspekten bis heute so erfolgreich wirken. Die Entwicklung der Perlon-Technologie gemeinsam mit dem Entdecker der Caprolactam-Polymerisation, unserem Auswärtigen Mitglied Paul Schlack; Aufbau und Ausbau der Produktion im Chemiefaserwerk Schwarza zusammen mit Erich Correns, international weithin bekannte Ergebnisse zum Mechanismus der Fadenbildung beim Viskosespinnprozeß aus Ihrer Teltower Zeit, verbunden mit entscheidenden Impulsen für die Entwicklung einer Viskosecord-Produktion in der DDR, sowie Ihre soeben fertiggestellten Monographie zur Geschichte der Chemiefaserforschung sind Stationen dieses Weges. Nur kurz erwähnen kann ich in diesem Zusammenhang Ihre zahlreichen wissenschaftlichen Publikationen, Ihre Plenar- und Hauptvorträge auf internationalen Tagungen und — last not least — Ihre bis heute andauernde engagierte und sachkundige Mitwirkung bei Entscheidungen über das künftige Profil unserer Chemiefaserindustrie, bei deren Vorbereitung Sie Ihren reichen Erfahrungsschatz zugleich jüngeren Fachkollegen zugänglich machen.

Seit vielen Jahren beteiligen Sie sich maßgeblich an der Diskussion um Fragen der Kreativität des Wissenschaftlers und zum Problem der Entwicklung einer Wissenschaftlerpersönlichkeit zwischen den beiden Polen der individuellen schöpferischen Entfaltung mit persönlicher Leistungsverantwortung und persönlichem Erfolgserlebnis einerseits und der Einfügung in ein größeres Kollektiv, verbunden mit dem „Zurückstecken" persönlicher Interessen im Dienste eines gemeinsamen Zieles andererseits.

Wir wissen sehr an Ihnen zu schätzen den gleichermaßen streitbaren wie konstruktiven Diskussionsstil, Ihre Aufrichtigkeit sowie die damit verbundene Eigenschaft, unverblümt Ihre Meinung zum Ausdruck zu bringen.

Lieber Herr Klare! Uns allen ist bestens bekannt, daß Sie stets ein Herz für die Jugend haben: in der eigenen Familie, wo Sie von zehn Enkelkindern gefordert und verehrt werden; als Hochschullehrer, wo Sie mit der Ausstrahlungskraft Ihrer Persönlichkeit zahlreiche junge Menschen für das Fachgebiet begeistern und gewinnen konnten und schließlich in Ihrer Tätigkeit als Akademiepräsident, wo Sie der jungen Generation zu ihrem Recht verhalfen und ihr gleichzeitig verantwortlich Pflichten auftrugen. Ich möchte hier gleichsam pars pro toto auch an Ihre Bemühungen bei der Durchführung von Tagen junger Wissenschaftler und an Ihre Anstrengungen für einen verstärkten Austausch von Nachwuchswissenschaftlern zwischen der Akademie der Wissenschaften und den Industriekombinaten erinnern. Mit viel Hingabe wenden Sie sich der heranwachsenden Generation auch bei Ihren Reden zur Jugendweihe zu. Ein wichtiger Kernpunkt Ihrer Ansprachen ist der Appell an die Jugend, konsequent für ein friedliches Miteinander der Völker einzutreten. Damit komme ich zugleich zu einer weiteren wichtigen Seite Ihrer Tätigkeit.

Im Bewußtsein Ihrer Verantwortung gegenüber unserer Gesellschaft setzten und setzen Sie stets Ihr Wissen und Ihren reichen Erfahrungsschatz für die Förderung der interdisziplinären Zusammenarbeit nicht nur zwischen den verschiedenen naturwissenschaftlichen Disziplinen, sondern auch zwischen den Vertretern der Natur-, Technik- und Gesellschaftswissenschaften ein. Dabei sind die Stationen Ihres Wirkens auch ein sichtbarer Ausdruck dafür, wie die wissenschaftliche Tätigkeit im Sozialismus ihrer Verpflichtung gerecht werden kann, dem Wohle der Menschheit zu dienen.

Ihre Tätigkeit als Vorsitzender des DDR-Komitees für wissenschaftliche Fragen des Friedens und der Abrüstung sind ein erneuter unwiderlegbarer Beweis dafür.

Sie gehören zu den Wissenschaftlern unseres Landes, die in vorderster Front ihre Stimme gegen die imperialistische Politik des Wettrüstens erheben und die durch ihr aktives Auftreten im In- und Ausland unermüdlich an die gesellschaftliche Verantwortung aller Wissenschaftler appellieren, sich mit allen zur Verfügung stehenden Mitteln gegen den ungeheuerlichen Rüstungswahnsinn zur Wehr zu setzen.

In Ihrer verantwortungsvollen Funktion als Vorsitzender des DDR-Komitees für wissenschaftliche Fragen des Friedens und der Abrüstung vereinen Sie die Bemühungen führender Gelehrter unseres Landes gegen eine Politik der Konfrontation und des Wettrüstens. Sie setzen sich mit großer Überzeugungskraft dafür ein, daß die Wissenschaftler aller Länder — ungeachtet verschiedenartiger weltanschaulicher Ansichten — ihre Stimme für die Erhaltung des Friedens erheben.

Lieber Herr Klare! Gestatten Sie mir bitte, daß ich Ihnen an dieser Stelle nochmals danke für all die geleistete Arbeit. Ich wünsche Ihnen noch recht viele Jahre in bester Gesundheit und Schaffenskraft und möchte Sie bitten, uns auch weiterhin mit Rat und Tat zur Seite zu stehen.

Burkart Philipp

Neuere Entwicklungen bei Chemiefaserstoffen aus Cellulose

1. Historischer Rückblick

Als auf der Pariser Weltausstellung 1889 zum ersten Male künstliche Seidenfäden, nämlich die aus einer Cellulosenitratlösung ersponnene CHARDONNET-Seide, der Öffentlichkeit vorgestellt wurden, erfüllte sich damit der Jahrhunderte alte „technologische Wunschtraum", die rare und teure Naturseide mit einem weniger kostspieligen Material nachzubilden und damit breiteren Bevölkerungsschichten zugänglich zu machen. Die nunmehr rund 100-jährige Geschichte der Chemiefaserstoffe mit all ihren Erfolgen und Enttäuschungen wurde kürzlich von HERMANN KLARE in einer Monographie umfassend dargestellt [1], so daß hier nur einige Schlaglichter auf die Entwicklung der Chemiefaserstoffe auf Cellulosebasis geworfen werden sollen.

Wegen der technologisch aufwendigen Denitrierung wurde die „Nitroseide" schon um die Jahrhundertwende in zunehmendem Maße durch „Viskosekunstseide" abgelöst, die nach dem in Abb. 1 schematisch wiedergegebenen, in seinem Grundprinzip

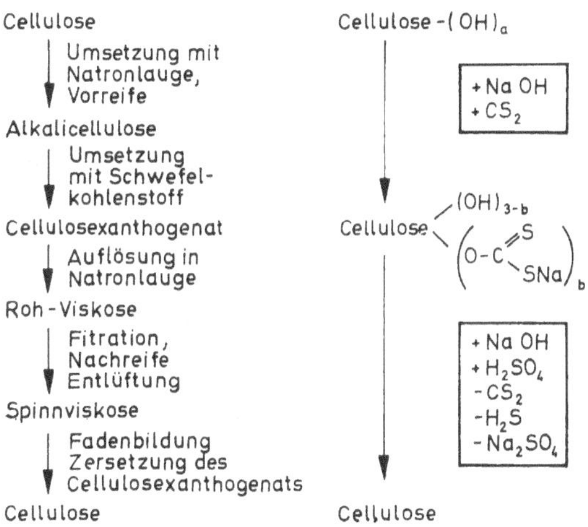

Abb. 1 Prinzip des Viskoseprozesses (lies Filtration statt Fitration)

noch heute angewandten Verfahren aus Fichtensulfitzellstoff hergestellt wurde und neben dem damals erwünschten Glanz den Vorteil der weitaus geringeren Entflammbarkeit der Primärfaser aufwies, während den Nachteilen des vielstufigen Viskoseprozesses, nämlich dem hohen Invest- und Arbeitskräftebedarf und vor allem der durch Emission von CS_2 und H_2S bedingten Gesundheits- und Umweltrisiken, zur damaligen Zeit weniger Bedeutung beigemessen wurde. Schon in den 30er und 40er Jahren gewann die sich entwickelnde Produktion von „Viskosestapelfaser" gegenüber dem Endlosfaden, der „Kunstseide", allmählich an Boden. Heute beträgt der Stapelfaser-Anteil etwa 70% der Gesamtproduktion an Viskosefaserstoffen.

Zweimal wurde in der zweiten Hälfte dieses Jahrhunderts das „Ende" des Viskoseverfahrens als großtechnischer Prozeß vorausgesagt, nämlich um 1950 im Zuge der starken Expansion der Synthesefaserstoffe und um 1970 in der Zeit des „Erdöl-Booms" und eines stärkeren Sich-bewußt-Werdens von Umweltproblemen. Beide Male folgte jedoch – wie H. KLARE es oft formulierte – eine „Renaissance" des Viskoseprozesses mit Hilfe neu entwickelter hochwertiger Produkte und entscheidender verfahrenstechnischer Fortschritte. Nicht zuletzt bedingt durch die gesamte Rohstoffsituation bestehen heute kaum noch Zweifel daran, daß Cellulose-Regeneratfaserstoffe auch in Zukunft einen wesentlichen Anteil der Gesamtproduktion an Chemiefaserstoffen bilden werden; offen ist allerdings, ob die Auflösung der Cellulose und deren nachfolgende Ausfällung zum Regeneratcellulosefaden auch im nächsten Jahrhundert noch nach dem Viskoseverfahren erfolgen wird. Zur Zeit beträgt die Weltproduktion an Chemiefaserstoffen auf Cellulosebasis über 3 Millionen Tonnen. Davon werden etwa 90% nach dem Viskoseverfahren produziert; der Rest von etwa 10% verteilt sich auf Celluloseacetat- und Cuprammonium-Faserstoffe. In unserer Republik liegt die Produktion an Celluloseregeneratfaserstoffen („CRF") bei etwa 160000 Jahrestonnen und beträgt damit mehr als 50% unserer gesamten Chemiefaserstoffproduktion. In diesem Beitrag soll ein Überblick über Verfahrens- und Produktentwicklungen der Viskosefaserstoffe in den letzten drei Jahrzehnten und ein Ausblick auf die absehbare künftige Entwicklung gegeben werden, wobei die enge Wechselbeziehung zwischen Erkenntnisfortschritten der Grundlagenforschung und Entwicklungsergebnissen der industriellen Praxis betont wird und – dem Anlaß dieses Vortrages entsprechend – die im Institut für Polymerenchemie unter Leitung von H. KLARE erhaltenen oder auf seine Anregungen zurückgehenden Forschungsergebnisse in angemessenem Maße hervorgehoben werden.

2. Viskosesupercord – die entscheidende Entwicklung der 50er Jahre

Der entscheidende Impuls für die Weiterentwicklung des Viskoseprozesses in der zweiten Hälfte dieses Jahrhunderts ging von der zufälligen Entdeckung aus, daß es durch bestimmte Zusätze sog. „Modifikatoren" (Tab. 1) zur Viskose und/oder zum sauren Fällbad in Gegenwart einer hohen Zinkionenkonzentration (etwa 50 g/l $ZnSO_4$) in diesem Fällbad möglich ist, Regeneratcellulosefäden mit sehr gutem Biegeverhalten und mit Festigkeitswerten (Tab. 2) zu erhalten, die ein Mehrfaches der bisher bekann-

Tabelle 1 Modifikator Typen

Dimethylamin + Polyglykol
Methylcyclohexylamin + Polyglycol
Fettaminäthoxylat
Aminoxäthylat
Fettalkoholäthoxylat
Polyoxyalkylenglykol
Äthoxyliertes Polypropylenoxid

Tabelle 2 Reißfestigkeit und Bruchdehnungswerte verschiedener hochfester Celluloseregeneratfäden

Fasertype	Reißfestigkeit cN/dtex	Bruchdehnung %
Viskosefaser	2,7–3,7	16–25
Kupferreyon	2,6–4,6	8–11
Viskosecordseide (Super II)	4,5	11
Viskosecordseide (Super IV)	5,8	10
Viskosecordseide (Hochmodulkord Glanzstoff EHM)	7,5	5,4
Fortisan 36 (verseifter Celluloseacetatfaden)	6,8	7,2

ten betragen, [2] wenn ein spezielles Spinnverfahren mit Nachverstreckung des Fadens in einem Heißwasserbad angewandt wird.

Dieser Viskosesupercord stellte für etwa ein Jahrzehnt *das* Fadenmaterial für den Einsatz in normalen Fahrzeugreifen dar, bis er durch noch geeignetere Festigkeitsträger (Synthesefäden, Stahl, Glas) teilweise vom Markt verdrängt wurde. Die von H. Klare in der DDR maßgebend mitgestaltete wissenschaftlich-technische Entwicklung führte Mitte der 60er Jahre zur Inbetriebnahme des Supercordbetriebes im VEB KSW Pirna, der heute noch etwa 6 kt dieses Materials jährlich produziert.

Wenn auch die marktbeherrschende Spitzenstellung der Viskose-Reifencordseide als Produkt im Zuge der Gesamtentwicklung nur vorübergehend war bzw. sein konnte, so hat sie doch technologische Ergebnisse und wissenschaftliche Erkenntnisse stimuliert, die bleibende Bedeutung haben und auch heute noch die Basis neuer Produkt- und Verfahrensvarianten bilden. Die Supercordentwicklung kann rückschauend als „technologischer Niveausprung“ vom „althergebrachten“ zum modernen, wissenschaftlich fundierten Viskoseprozeß bezeichnet werden. Unter technologischen Aspekten seien die Fortschritte im Spinnmaschinenbau und die fundierte Einschätzung der

Rolle bestimmter Zellstoff-Kennwerte (Aschebestandteile, Extraktstoffe) hervorgehoben. In wissenschaftlicher Hinsicht muß vor allem die Aufklärung des Mechanismus der Fadenbildung bei Koagulation und Zersetzung des Cellulosexanthogenats als Dreh- und Angelpunkt des Gesamtprozesses genannt werden. Der internationale Stand auf diesem Gebiet wurde über lange Jahre durch HERMANN KLARE und seine Mitarbeiter in wesentlichem Umfange bestimmt. Da er selbst hierüber mehrfach auch vor der Klasse Chemie der AdW berichtet hat [3–8], seien an dieser Stelle nur einige wesentliche Arbeitsrichtungen und Ergebnisse stichwortartig erwähnt, wie zum Beispiel:

– die Entwicklung einer komplexen Reaktionsanalytik zur Verfolgung der Fadenbildung durch Kombination chemischer, radiochemischer und morphologischer Methoden;

– die Beiträge zur Bildungsweise der für Cordseidenfäden typischen Kern-Mantel-Struktur (Abb. 2) und Klärung der synergistischen Wirkung von Modifikator und

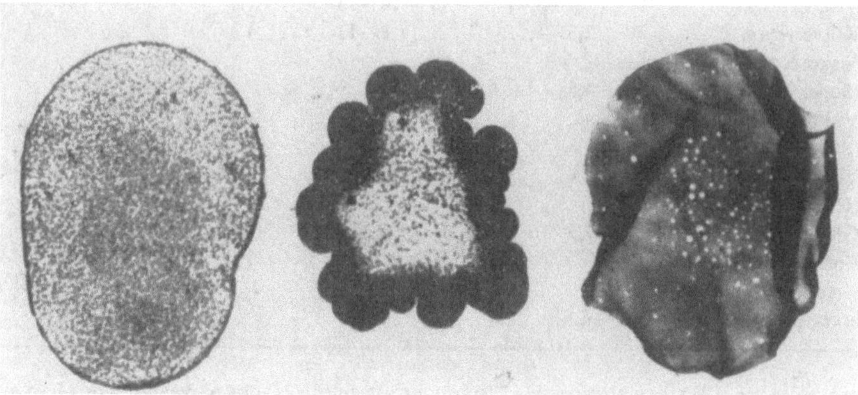

Abb. 2 Kern-Mantel-Struktur von Supercordfäden aus Viskose

Zinkionen, wobei wir in Weiterführung der seinerzeitigen Arbeiten unter völlig anderen Aspekten jetzt annehmen können, daß die Modifikatorwirkung nicht nur in einer Steuerung von Koagulation und Zersetzung des Xanthogenates, sondern auch in einer direkten Beeinflussung der Bildung der fibrillären Netzwerkstruktur des Celluloseregeneratfadens besteht;

– Erkenntnisse zur Bedeutung der Verstreckung des Fadens für seine späteren textilen Eigenschaften in Abhängigkeit von verschiedenen Viskosier- und Zellstoffparametern.

In enger Koppelung zu diesen Fragen der Fadenbildung wurden damals auch eine Reihe viskosechemischer Probleme bearbeitet und u.a. Ergebnisse zu Bildungsweise und Stabilität der verschiedenen Thiocarbonate und Thiocarbaminate [9], sowie zu den verschiedenen Reaktionswegen einer Xanthogenatzersetzung (Abb. 3) [10] durch CS_2 bzw. Dithiocarbonatabspaltung bzw. stufenweise Entschwefelung, sowie zur

Umxanthogenierung (Abb. 4) längs und zwischen den Celluloseketten, sowie von C-2/C-3 nach C-6 innerhalb der Glucoseringe gewonnen, die heute beispielsweise für eine Modellierung der technischen Viskosenachreifeprozesse von Interesse sind [11].

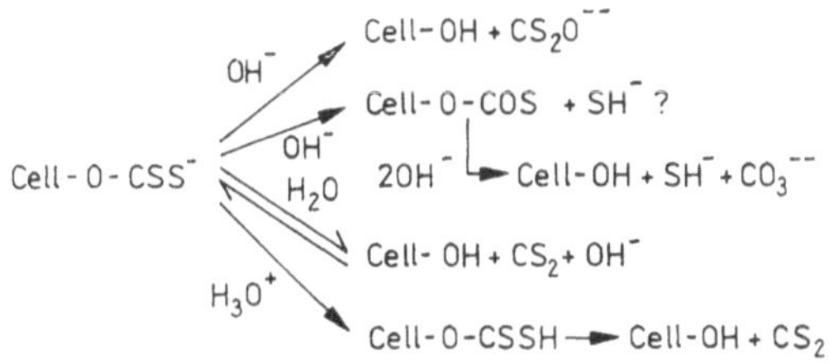

Abb. 3 Wege der Zersetzung von Cellulosexanthogenat

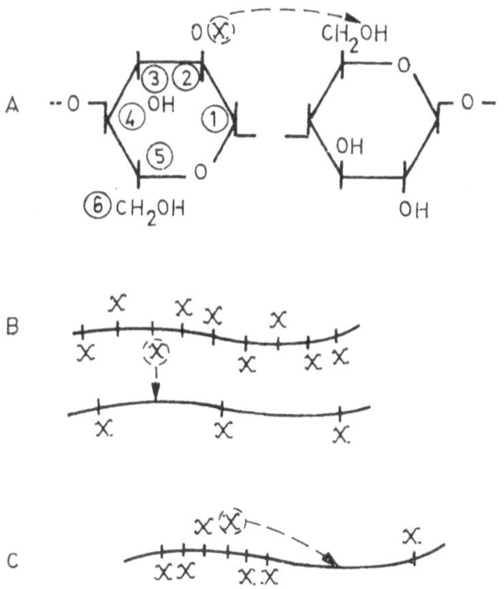

Abb. 4 Möglichkeiten der Umxanthogenierung (nach SAMUELSON)

Hingewiesen sei auch auf die etwa zur gleichen Zeit begonnenen und offensichtlich durch die Supercordentwicklung stimulierten theoretisch-physikalischen Arbeiten sowjetischer Autoren [12, 13] zur Frage der maximal möglichen Festigkeit von CRF, die mit etwa 150 kp/mm^2 etwa doppelt so hoch liegt wie die besten bisher experimentell an Versuchsfäden erhaltenen Werte. Die damit angedeuteten Möglichkeiten bei der Bildung der Fadenstruktur, die prinzipiell noch vorhanden sind, können sicher in absehbarer Zeit aus verschiedenen Gründen nicht genutzt werden. Diese theoretischen Erkenntnisse stellen jedoch nach wie vor eine Herausforderung an die Forschung dar.

3. *„Modal" – die Stapelfaser mit Baumwollcharakter*

Während der Anstoß für die Entwicklung des Viskosesupercords durch die mehr zufällige Entdeckung des Effekts von Modifikatoren auf die Fadenfestigkeit eingeleitet wurde, sind die heute produzierten, oft unter dem Namen „Modalfaser" zusammengefaßten Spitzenqualitäten von Viskosestapelfasern als Ergebnis systematischer Forschung und Entwicklung anzusehen. Hohe Naßfestigkeit und hoher Naßmodul und die dadurch gegebene Formbeständigkeit daraus hergestellter Textilwaren im nassen Zustande, sowie eine ausreichende Beständigkeit gegen die bei verschiedenen textilen Veredelungsprozessen eingesetzte Natronlauge lassen solche Fasern zur Substitution von Baumwolle bei Reinverarbeitung und in Mischung geeignet erscheinen.

Das gebrauchswertorientierte Ziel des baumwollähnlichen Charakters der Fasern läßt sich hierbei – von der Fadenstruktur und der Herstellungstechnologie aus betrachtet – auf zwei unterschiedlichen Wegen erreichen, nämlich einmal in Form der sog. „Polynosic"-Faser über einen relativ grobfibrillaren Aufbau durch ein spezielles Viskosespinnverfahren (hoher DP der Cellulose in der Spinnlösung, kaltes Spinnbad, evtl. Formaldehydzusatz), zum anderen nach einem zum sog. „HWM"-Typ (high wet modulus) führenden, abgewandelten Cordseidenspinnverfahren mit Modifikatorzusatz und hohem Zinkionengehalt im Spinnbad, wobei auch die Fadenstruktur ähnlich wie bei Cordseide ist (Kern-Mantel-Faser, feinfibrilläres Netzwerk). Tabelle 3 zeigt eine Gegenüberstellung beider Wege zur „Modalfaser". Obwohl einzelne Parameter beim Polynosic-Typ etwas günstiger liegen als beim HWM-Typ, wie z.B.

Tabelle 3 Textilmechanische und chemische Daten von Modalfasern

	HWM	Polynosic
Faser DP	350–400	450–500
Festigkeit (cN/tex)		
kond.	35–37	38
naß	20–24	27–31
Bruchdehnung (%)		
kond.	13–14	10–11
naß	14–16	11–12
Schlingenfestigkeit (cN/tex)	9–12	5–7
Naßmodul (cN/tex/100%)	90–120	220
Naßdehnung nach Behandeln mit 5%iger NaOH bei 4,5 cN/tex	12–13	4–5
Wasserrückhaltevermögen (%)	70	60

die Beständigkeit gegenüber Natronlauge, so weist letzterer doch für viele Einsatzgebiete ein insgesamt günstigeres Gebrauchsverhalten auf und erlaubt außerdem den Einsatz preisgünstiger, wenig veredelter Laubholzzellstoffe. Von solchen Fasern wird heute in den textilen Daten die Qualität der Baumwolle im wesentlichen erreicht und die textile Verarbeitbarkeit von Baumwolle z.T. übertroffen. Die Produktion von HWM-Fasern nahm daher in den vergangenen Jahren international erheblich zu, und es wird offensichtlich in verschiedenen Ländern intensiv an der Verbesserung der Herstellungsökonomie gearbeitet und gleichzeitig eine „neue Generation“ solcher Fasern mit weiter erhöhtem Gebrauchswert entwickelt.

In unserer Republik wird zur Zeit die Produktion einer HWM-Faser unter forschungsseitiger Mitwirkung der AdW vorbereitet und im Laufe der nächsten Jahre aufgenommen werden.

Stellt man auch im Zusammenhang mit der Modalfaser die Frage nach der Verflechtung zwischen industrieller Entwicklung und wissenschaftlichem Erkenntnisfortschritt, so ist zunächst davon auszugehen, daß es sich bei der Modalfaserherstellung um eine sehr anspruchsvolle Technologie handelt, die eine sorgfältige Einhaltung eines Produktionsregimes und bei ihrer Ausarbeitung eine gründliche Abstimmung und Anpassung der einzelnen Verfahrensschritte von der Zellstoffgewinnung bis zur Präparation der fertigen Faser erfordert. Im Zuge der künftigen Entwicklung dürften u.a. die Nutzung neuer Erkenntnisse der Lösungs- und Festkörperrheologie und ein tieferer Einblick in Zusammenhänge zwischen Fadenbildung, Fadenstruktur und gebrauchswertrelevanten Fadeneigenschaften von Interesse sein.

Schon jetzt kann man rückblickend feststellen, daß die Modalfaserentwicklung entscheidend zum Verständnis und zur Optimierung der „Paßfähigkeit“ von Chemiezellstoffgewinnung, Viskosebereitung und Fasererspinnung beigetragen hat. Während bei der Entwicklung der Supercordseide ein mit steigendem Veredelungsgrad des Zellstoffs (sog. „α-Cellulosegehalt“ als Kriterium) beobachteter Festigkeitszuwachs zur Produktion von Hoch- und Höchst-α-Zellstoffen (α-Cellulosegehalt bis $> 98\%$) und damit auf einen Irrweg aus materialökonomischer Sicht geführt hatte, gelang im Zuge der Modal-Entwicklung eine schrittweise Senkung des Veredelungsgrades und damit Verbilligung des Zellstoffes bis auf α-Cellulosegehalte um 91% ohne Einbuße an Faserqualität der daraus produzierten HWM-Type [14]. Voraussetzung ist dabei eine hohe und gleichmäßige Reaktivität des Zellstoffs für die Xanthogenierung und die Beherrschung eines genügend niedrigen Hemicellulosespiegels (= Gehalt an alkalilöslichen Holzpolyosen) im Laugenkreislauf des Viskoseprozesses. Sowohl für die Weiterentwicklung der Aufschluß- und Bleichtechnologie von Chemiezellstoffen, als auch für eine anwendungsorientierte Holzpolyosenforschung gingen so von der Modalfaserentwicklung Impulse aus.

4. Spezialprodukte auf der Basis des Viskoseprozesses

Neben den großtonnagig produzierten textilen Fäden und technischen Festigkeitsträgern lassen sich auf Basis des Viskoseverfahrens eine Reihe von Spezialprodukten gewinnen, bei denen vor allem die Hydrophilie und die physiologische Unbedenklichkeit der Cellulose genutzt werden (Tab. 4).

Tabelle 4 Einige Spezialprodukte auf Viskosebasis

CRF mit gebundenen Wirkstoffen
gepfropfte Cellulosefäden
hoch quellende Cellulosefäden
Cellulosehohlfäden für Trennzwecke
Cellulosefolie
Cellulose-Kunstdarm
Cellulose-Schwamm
Perlcellulose

Eine chemische Modifizierung von CRF durch covalente Bindung biologisch aktiver Gruppen wurde vor allem von sowjetischen Autoren bearbeitet (z.B. [19]). Eine Veränderung des Eigenschaftsbildes von CRF durch Pfropfung wurde in den vergangenen 20 Jahren intensiv bearbeitet, wobei wesentliche wissenschaftliche Ergebnisse zur Radikalbildung und zu Radikalreaktionen an einer Cellulosekette erhalten wurden. Die technische Relevanz einer solchen Modifizierung ist umstritten, da sich verschiedene Effekte, z.B. eine Schwerentflammbarkeit der Fäden, kostengünstiger durch eine physikalische Compoundierung mit geeigneten Zusatzstoffen erreichen lassen. Eine technische Realisierung wurde bisher im wesentlichen in Form der durch Pfropfung von Acrylnitril auf CRF erhaltenen „Mtilon"-Faser [15] bekannt, deren Herstellungsprinzip aus grundlegenden Arbeiten von Z. A. ROGOVIN hervorging. Hochquellende CRF, die u.a. durch Zusatz von Carboxymethylcellulose zur Spinnlösung erhalten werden können, gewinnen heute für Hygieneartikel zunehmend an Bedeutung.

Neben der chemischen läßt sich auch die physikalische Struktur von CRF in vielfältiger Weise modifizieren. Ein aktuelles Beispiel hierfür sind nach dem Viskoseverfahren hergestellte Hohlseidenfäden mit durchgängigem Lumen und über den Herstellungsprozeß variierbare Porenstruktur (vgl. Abb. 5). Die Produktion solcher Fäden zum Einsatz in der Hämodialyse wurde kürzlich auf Basis eines im IPOC Teltow der AdW entwickelten Verfahrens aufgenommen. [16]

Neben der bisher betrachteten Abwandlung der Fadenstruktur bietet sich auch die Herstellung anderer, nicht fadenförmiger Formkörper durch Koagulation und Zersetzung von Cellulosexanthogenat an. Diese Möglichkeit wird seit Jahrzehnten zur Erzeugung von Regeneratcellulosefolie, „Kunstdarm" und „Viskoseschwamm" technisch genutzt, wobei die poröse Schwammstruktur durch Eintragen von kristallinem Na_2SO_4 in die Viskose und später Auswaschen des Salzes nach der Koagulation erzeugt wird. Als vielseitig modifizierbar und einsetzbar erweist sich eine vom Institut für Makromolekulare Chemie der ČSAV unter Mitwirkung des IPOC entwickelte Perlcellulose (Abb. 6), bei deren Herstellung technische Viskose in einem mit

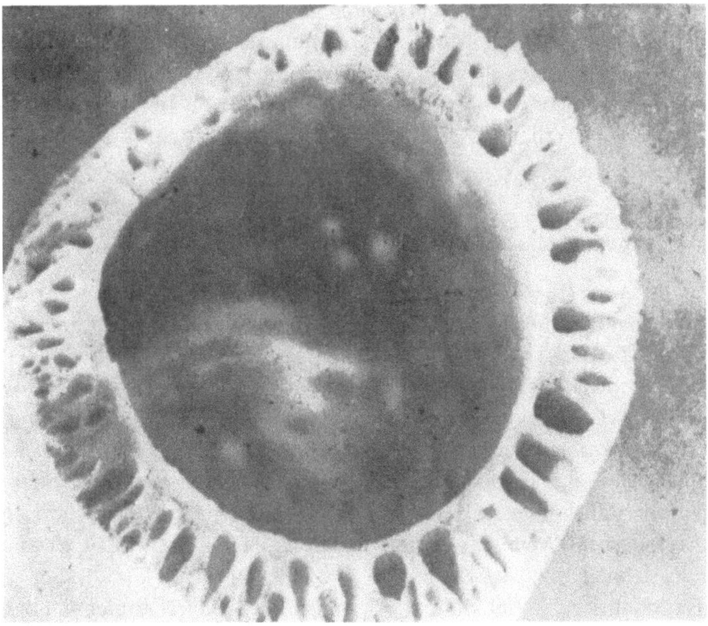

Abb. 5 Mikroskopisches Bild des Querschnittes einer Hohlfaser

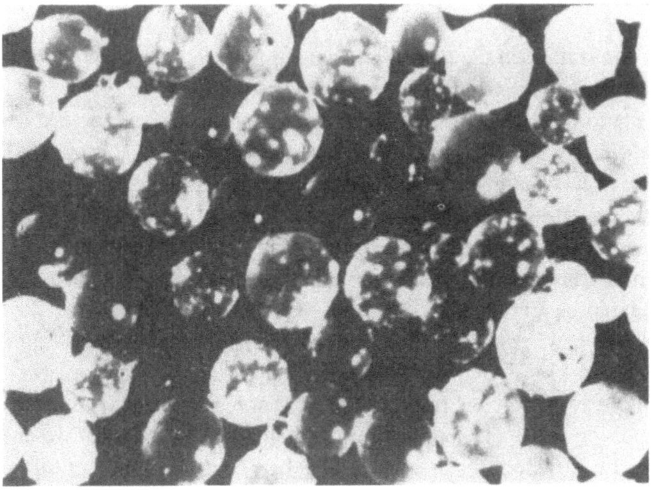

Abb. 6 Mikroskopische Aufnahme von Perlcellulose

Wasser nicht mischbaren organischen Lösungsmittel thermisch koaguliert wird, wobei schließlich Cellulosepartikel mit 50···500 μm Durchmesser erhalten werden. Eine aussichtsreiche Anwendung dieses Prinzips der Gewinnung isometrischer Cellulosepartikel stellt der vom Leipziger Arzneimittelwerk und vom IPOC Teltow gemeinsam entwickelte neuartige Wundverband DESHISAN® dar, dessen Produktionsaufnahme z.Z. vorbereitet wird.

5. Fortschritte der Verfahrensentwicklung

Für den Anwender in der Textilindustrie, aber auch für den präparativ arbeitenden Polymerchemiker stehen bei einer Diskussion über „neuere Entwicklungen" natürlich die Fortschritte produktorientierter Forschung im Mittelpunkt des Interesses.

Es erscheint jedoch notwendig, im Rahmen dieses Beitrages auch einige Ergebnisse verfahrensorientierter Arbeiten zu betrachten, zumal vom Auffinden rationeller Wege zur Lösung offener toxikologischer und ökologischer Probleme und damit von Ergebnissen verfahrenstechnischer Forschung letzten Endes das „Überleben" des Viskoseprozesses im nächsten Jahrhundert abhängen wird. Als wesentliche Zielrichtungen einer verfahrenstechnischen Weiterentwicklung sind heute aus der Sicht unserer Viskoseindustrie zu nennen:

— umfassende Rationalisierung und Automatisierung aller Verfahrensstufen mit dem Ziel einer Erhöhung der Arbeitsproduktivität;
— der für jeden großtechnischen Prozeß erforderliche Ausbau der BMSR-Technik zwecks exakter Einhaltung des Produktionsregimes und Sicherung der Qualitätskonstanz;
— Minimierung des Anteils an gesundheitsgefährdender und schwerer körperlicher Arbeit;
— drastische Verringerung der Schadstoffemission durch Abluft und Abwasser der Viskosebetriebe.

Eindeutiger Schwerpunkt müssen die beiden letztgenannten Richtungen sein, wobei allerdings vielfältige Verflechtungen mit den zuerst erwähnten bestehen.

Der internationale Stand der Verfahrensautomatisierung ist heute durch eine kontinuierliche Maischalkalisierung und Vorreife, sowie eine kontinuierliche Führung von Viskosefiltration und Faden-Nachbehandlung gekennzeichnet. Eine kontinuierliche Xanthogenierung wird zwar als verfahrenstechnische Lösung heute kommerziell angeboten, hat sich jedoch bisher keineswegs allgemein durchsetzen können, so daß vielfach eine weitgehend automatisierte, diskontinuierliche Fahrweise in geschlossenen Knet- und Rühraggregaten bevorzugt wird.

Der Anteil an schwerer bzw. gesundheitsgefährdender körperlicher Arbeit konnte durch den Übergang von der klassischen Tauchpressenalkalisierung zur kontinuierlichen Maischalkalisierung, sowie durch Einsatz einer modernen Viskosefiltration mit automatischer Rückspülung (z.B. „Tiefenfiltration" durch Sintermetallfilter) wesentlich verringert werden. Er ist jedoch nach wie vor gegeben beim Anspinnen und bei der Beseitigung von Störungen im Spinnprozeß, während eine Gefährdung durch den

Aufenthalt im Spinnsaal mittels entsprechender Be- und Entlüftungsanlagen weitgehend ausgeschlossen werden kann, wie vor allem sowjetische Erfahrungen zeigen.

Zur Beherrschung der Schadstoffemission im Abwasser und zur sorptiven Entfernung von CS_2 und H_2S aus dem sog. „Starkgas" der Spinnmaschinen liegen heute vertretbare Lösungen vor. Offen ist die sog. Schwachgasentschwefelung, wobei es hier zwar naturwissenschaftliche Prinziplösungen, z. B. zur chemischen Bindung der Schadstoffe, aber noch keine rationellen und ökonomisch tragbaren verfahrenstechnischen Wege gibt.

Eine wesentliche Rolle dürfte in Zukunft die Herabsetzung der CS_2-Einsatzmenge und damit auch des Gesamt-Schadstoffanfalls spielen. Diese Senkung der CS_2-Einsatzmenge von jetzt etwa 30% auf Werte unterhalb 25%, bezogen auf Cellulose, läßt sich prinzipiell erreichen, wenn die Reaktionsfähigkeit eines Viskosezellstoffs über das durch Wahl geeigneter Aufschluß- und Bleichbedingungen erzielbare Maß hinaus durch eine strukturauflockernde Vorbehandlung weiter erhöht wird. Verschiedene Möglichkeiten einer solchen aktivierenden Vorbehandlung, die den übermolekularen Ordnungszustand und/oder die morphologische Struktur des Zellstoffs in einem für die nachfolgende Viskosierung günstigen Sinne verändert, sind in Tab. 5 aufgeführt, wobei es sich zumeist um Laborergebnisse handelt. Technisch aussichtsreich erscheinen vor allem Wege der Aktivierung durch Einwirkung mechanischer oder thermischer Energie bzw. von energiereicher Strahlung, wobei hinsichtlich der zuletzt genannten Möglichkeit auf Ergebnisse von K. Fischer verwiesen sei, die zugleich gute Chancen für eine technische Realisierung erkennen lassen. [17]

Tabelle 5 Möglichkeiten zur Celluloseaktivierung

Celluloseaktivierung durch:
– inter- oder intrakristalline Quellung
– hydrolytischer oder oxidativer Abbau
– trockene oder nasse Mahlung
– Bestrahlung
– thermische Behandlung

6. Alternativen zum Viskoseprozeß bei der Herstellung von Chemiefaserstoffen auf Cellulosebasis

Die mit dem Viskoseprozeß verbundenen Umweltprobleme und die Schwierigkeit ihrer rationellen Lösung, der durch die große Zahl der Verfahrensstufen bedingte hohe Investaufwand und nicht zuletzt auch das Auffinden immer neuer, meist nichtwäßriger Lösemittelsysteme für Cellulose stimulierten in den vergangenen 15 Jahren die Suche nach „CS_2-freien Alternativen" zum Viskoseprozeß bei der Lösungsverformung der Cellulose zu Chemiefäden. Eine nicht ganz willkürfreie Systematisierung der prinzipiell möglichen Wege zu einem solchen Alternativ-Verfahren ist in Tabelle 6

Tabelle 6 Alternativen zum Cellulose-Xanthogenat-Verfahren

niedrig substituierte Celluloseether
Schwermetallkomplexe der Cellulose
Additionsverbindungen mit Tetraalkylammoniumbasen
instabile covalente Cellulosederivate
Nebenvalenz-Wechselwirkung mit bestimmten dipolar-aprotischen Flüssigkeiten und evtl. LiCl
Wechselwirkung mit bestimmten anorganischen Salzen in Lösung und Schmelze

wiedergegeben. Die Mitte der 70er Jahre in einen Ausbau des Cuoxamverfahrens, d. h. die Auflösung der Cellulose zu einer Kupferoxidammoniak-Lösung und deren anschließenden Zersetzung in einem sauren Fällbad, gesetzten Hoffnungen haben sich trotz wesentlicher technologischer Fortschritte bisher nicht erfüllt, offenbar vor allem wegen der immer noch auftretenden und im Hinblick auf den hohen Einstandspreis nach wie vor gravierenden Kupferverluste und des notwendigen Linterseinsatzes. Außerdem fehlt dem Cuoxamverfahren die Variabilität und Anpassungsfähigkeit des Viskoseprozesses. Analoge Verfahrensprinzipien, die ebenfalls auf einer Bildung von wasserlöslichen Schwermetallkomplexen der Cellulose beruhen, führten zwar zu brauchbaren Fäden, erwiesen sich jedoch für eine technische Realisierung entweder als zu teuer oder – wie z.B. die Verwendung eines $Cd^{\cdot\cdot}$-Komplexes – als ökologisch nicht vertretbar. Auch die Herstellung und Verspinnung ternärer Lösungssysteme aus Cellulose, Wasser und einer Tetraalkylammoniumbase ist bisher an einer ungünstigen Verfahrensökonomie gescheitert.

In verschiedenen konzentrierten wäßrigen Elektrolytlösungen, sowie in Schmelzlösungen einiger Thiocyanathydrate [18] läßt sich Cellulose unter bestimmten Voraussetzungen zwar zu einem makroskopisch homogenen System auflösen; die „Lösungen“ weisen jedoch keinesfalls einen molekulardispersen Lösungszustand auf, neigen in manchen Fällen zur spontanen Koagulation, und die Ausbildung einer geeigneten Fadenstruktur wird durch den hohen Elektrolytgehalt erschwert bzw. verhindert. Die technischen Realisierungschancen dieses Weges sind daher für die Herstellung von Chemiefäden als gering einzuschätzen, wenn auch hier sicher noch nicht alle Möglichkeiten ausgeschöpft sind.

Eine Veresterung oder Veretherung der Cellulose zu einem stabilen Hauptvalenzderivat führt – wie von der Celluloseacetatfaser-Herstellung bekannt – bei der Verspinnung des Derivates im Falle hoher Substitutionsgrade zu einer „Derivatfaser“, deren Eigenschaften zumeist mehr einer Synthesefaser als einer Cellulosefaser ähneln. Bei niedrigen Substitutionsgraden unterhalb 1 besteht zwar die Möglichkeit einer Verspinnung aus wäßrig-alkalischer Lösung, und die Hydrophilie der Cellulose ist im ersponnenen Faden aufgrund der vielen freien OH-Gruppen erhalten geblieben; die Bildung der Fadenstruktur wird jedoch durch die unregelmäßig verteilten, großvolumigen Substituenten empfindlich gestört, so daß Fäden mit sehr schlechter relativer Naßfestigkei entstehen. Dieser Anfang der 70er Jahre von verschiedenen Forschergruppen und auch von uns favorisierte Weg ist daher heute weitgehend verlassen worden.

Aussichtsreich erscheint beim heutigen Erkenntnisstand am ehesten eine Verformung der Cellulose aus nichtwäßrigen Lösungen zu Regeneratcellulosefäden, wobei sowohl Systeme mit intermediärer Derivatisierung der Cellulose als auch solche mit ausschließlich nebenvalenten Wechselwirkungen zwischen den Celluloseketten und Lösemittelkomponenten in Betracht zu ziehen sind.

Tabelle 7 Instabile Cellulosederivate für die Lösungsverformung

Methylolcellulose	$Cell \begin{cases} (OH)_{3-x} \\ (O \cdot CH_2OH)_x \end{cases}$
Trimethylsilylcellulose	$Cell \begin{cases} (OH)_{3-x} \\ (OSi(CH_3)_3)_x \end{cases}$
Cellulosenitritester	$Cell \begin{cases} (OH)_{3-x} \\ (ONO)_x \end{cases}$
Cellulosexanthogenat	$Cell \begin{cases} (OH)_{3-x} \\ (OCSSNa)_x \end{cases}$

Bei den Systemen mit intermediärer Derivatisierung (Tab. 7) wird in einer gewissen Analogie zur Bildung und Zersetzung des Cellulosexanthogenats zunächst eine Auflösung der Cellulose unter Derivatbildung vorgenommen und dieses Derivat dann bei der Fadenbildung zersetzt. Der Übergang vom „stabilen“ zum „instabilen“ Zustand des Derivats erfolgt dabei durch Änderung des pH-Wertes (z. B. von alkalisch nach sauer), des Mediums (z. B. nichtwäßrig/wäßrig) oder durch reaktive Zusätze (z. B. Aminen im Falle von Methylolcellulose). Bildungsweise, Struktur und Stabilität der Derivate sind in den bisher verwendeten Systemen weitgehend bekannt. Spinnablauf und Fadenbildung sind meistens gut; offen bleiben in verschiedenen Fällen toxikologische Bedenken und Probleme der rationellen Chemikalienrückgewinnung.

Tabelle 8 Einige Lösemittel für Cellulose ohne Derivatisierung

wasserfreies Hydrazin bei 150°C
DMSO/Methylamin
N-ethylpyridiniumchlorid
bestimmte Aminoxide, z. B. N-methyl-morpholin-N-oxid
flüssiges NH_3/NH_4SCN
N, N-dimethylacetamid/LiCl
flüss. SO_2/sec. bzw. tert. aliphat. Amin

Die stofflichen Möglichkeiten dieses Lösungsweges sind offensichtlich noch nicht ausgeschöpft.

Bei den ausschließlich auf zwischenmolekularer Wechselwirkung beruhenden Lösungsmittelsystemen (Tab. 8) gibt es gewisse Übergänge zu den schon erwähnten wäßrigen Elektrolytsystemen bzw. Salzhydratschmelzen, da auch bei mehreren dieser nichtwäßrigen Lösemittel ein Salzzusatz, vorzugsweise von LiCl, zur Auflösung notwendig ist, wie z.B. das System Cellulose/LiCl/Dimethylacetamid zeigt. Außerdem erweist sich in vielen Fällen die Beachtung einer oberen Grenze des zulässigen Wassergehaltes und z.T. eine Voraktivierung der Cellulose als notwendig.

Die modellmäßige Erfassung des Lösemechanismus der Cellulose in solchen Systemen wird zur Zeit intensiv bearbeitet, wobei man u.E. von dem GUTMANNschen Konzept einer verallgemeinerten Elektronen-Donator-Akzeptor-Wechselwirkung ausgehen kann, das speziellere Konzepte einer klassischen EDA-Wechselwirkung und einer Säure-Base-Wechselwirkung als Grenzfälle einschließt. Zur Klärung solcher Mechanismus-Fragen werden heute in erster Linie spektroskopische Methoden, vor allem die ^{13}C-NMR herangezogen. Auch für solche „Nebenvalenz-Lösemittel" wurde in mehreren Fällen eine gute Fadenbildung beim Spinnen in ein wäßriges oder alkoholisches Bad nachgewiesen.

Technisch am weitesten entwickelt wurde international in den vergangenen Jahren die Cellulosefadenherstellung durch Verspinnen von Schmelzlösungen der Cellulose in N-Methylmorpholin-N-Oxid, wobei diese bis zum Pilotmaßstab gediehene Entwicklung jetzt allerdings zumindest stagniert, da sich unerwartete Stabilitätsprobleme bei thermischer Belastung des Systems ergeben haben und auch das Eigenschaftsbild der erhaltenen Fäden offenbar noch nicht allen Anforderungen genügt. Gerade dieses Beispiel zeigt, wie weit und oftmals enttäuschend auf diesem Gebiet der Weg von einer naturwissenschaftlichen Prinziplösung zum produktionsreifen Verfahren ist und wie niedrig die Realisierungschancen solcher Alternativprozesse zunächst einmal generell liegen, wenn sie sich gegen einen etablierten großtechnischen Prozeß mit etwa 100 Jahren ingenieurtechnischer Erfahrung durchsetzen wollen.

Zusammenfassend ist zum heutigen Stand der CS_2-freien Alternativverfahren festzustellen, daß zwar eine große stoffliche Vielfalt wäßriger und nichtwäßriger Lösemittelsysteme für Cellulose bekannt ist und daß auch eine größere Anzahl dieser Systeme bei gutem Spinnablauf zu Fadenstrukturen mit befriedigenden oder guten textilphysikalischen Eigenschaften führt, wobei kein signifikanter Unterschied zwischen Systemen mit und ohne Derivatisierung besteht. (Tab. 9) Als unbefriedigend vom Standpunkt des Verarbeiters ist eine gewisse Sprödigkeit der aus den nichtwäßrigen Systemen erhaltenen Fäden anzusehen. Andererseits muß konstatiert werden, daß trotz dieser stofflichen Vielfalt bisher offenbar noch kein System bekannt wurde, das allen technologischen, ökonomischen und ökologischen Forderungen an ein CS_2-freies Alternativ-Verfahren zum Viskoseprozeß gerecht wird. Insbesondere bleiben aufgrund der oftmals teuren und in großtechnischen Prozessen bisher unüblichen Einsatzchemikalien Fragen der Chemikalienrückgewinnung und des Arbeits- und Gesundheitsschutzes offen. Bestehen bleibt jedoch die Herausforderung an die Celluloseforschung, weiterhin nach einem Verfahrensprinzip zur Celluloseverformung zu suchen das bei mindestens gleicher Verfahrensökonomie umweltfreundlicher ist als der Viskoseprozeß.

Tabelle 9 Textile Kenndaten von Versuchsfasern, gesponnen aus nichtwäßrigen Lösungsmittelsystemen im Vergleich mit Fäden nach dem Viskoseverfahren

	N-Methylmorpholin-N-oxyd	DMF/N_2O_4	$DMSO/CH_2O)_x$	Viskosefaser
Reißfestigkeit, cN/dtex				
– kond.	1,2–4,1	1,5–3,2	1,1–2,6	2,0–3,7
– naß	0,4–3,2	1,3–2,1	0,5–1,9	1,4–2,9
Dehnung, %				
– kond.	7–14	5–23	5–28	16–25
– naß	7–16	10–15	6–26	18–25
Naßmodul, cN/tex/100%	70–245	120–300	35–180	90–220

7. *Schlußbemerkungen*

Mit dem vorliegenden Beitrag sollte ein Überblick über wesentliche Ergebnisse der produkt- und verfahrensorientierten Forschung und Entwicklung bei Chemiefaserstoffen aus Cellulose in den vergangenen 30 Jahren gegeben werden. Dabei wurde die enge Wechselbeziehung zwischen Grundlagenforschung und industrieller Entwicklung auf diesem Gebiet betont, aber auch gezeigt, wie weit und risikoreich der Weg von einer naturwissenschaftlichen Prinziplösung zum produktionsreifen Verfahren oder Erzeugnis gerade auf dem Chemiefasersektor ist, da hier besonders viele Randbedingungen gleichzeitig erfüllt sein müssen. Die Bilanz aus den vergangenen 30 Jahren internationaler Entwicklung bei Celluloseregeneratfäden führt zu dem Schluß, daß in unserer Volkswirtschaft der Weiterentwicklung dieser Chemiefaserstoffe verstärkte Aufmerksamkeit geschenkt werden sollte, wobei das Viskoseverfahren und die auf seiner Basis herstellbaren Produkte sicher in den nächsten Jahren im Vordergrund stehen müssen, aber auch die langfristige Suche nach neuen Möglichkeiten der Verarbeitung von Cellulose zu Fäden und Formgebilden ohne Einsatz von CS_2 ein wesentliches Forschungsziel darstellt.

Literatur

[1] H. Klare: Geschichte der Chemiefaserforschung von den Anfängen bis zur Gegenwart, Berlin: Akademieverlag 1984 (im Druck).

[2] Du Pont de Nemours (N. L. Cox): Herstellung hochfester CRF mit Hilfe von Modifi-

katoren in der Viskose und/oder Spinnbad. US-Patent 2 535 044 (1950), 2 535 045 (1950), 2 536 014 (1952), 2 860 480 (1958).

[3] H. KLARE und A. GRÖBE: Beiträge zur Frage des Bildungsmechanismus von Celluloseregeneratfäden. Mon. Berichte der DAdW, Bd. 1 (1959), 573–581.

[4] H. KLARE, A. GRÖBE, R. MARON und G. CASPERSON: Über einige spezielle Probleme des Bildungsmechanismus hochfester Celluloseregeneratfäden. Mon. Berichte der DAdW, Bd. 2, (1960), 7, 431–438.

[5] A. GRÖBE, H. KLARE, R. MARON, G. MANN und H. JOST: Wirkungsmechanismus von Viskosemodifiern beim Super-Cord-Spinnverfahren. Mon. Berichte der DAdW, Bd. 3 (1961), 9, 536–538.

[6] A. GRÖBE, H. KLARE, R. MARON, G. MANN, H. JOST und G. CASPERSON: Fadenbildungsreaktion beim Super-Cord-Spinnprozeß. Abhandlungen der DAdW, Klasse Chemie, Geologie und Biologie, 1 (1963), 123–132.

[7] H. SCHMIEDEKNECHT und H. KLARE: Beiträge zum Einsatz von Zellstoff und Modifikatoren bei der Erspinnung von Viskose-Super-Cord. Abhandlungen der DAdW, Klasse Chemie, Geologie und Biologie, 2 (1964), 137–151.

[8] H. KLARE, A. GRÖBE, A. MARON, H. JOST, H. J. PURZ, H. J. GENSRICH und D. PAUL: Möglichkeiten der Strukturbildung von Zelluloseregeneratfäden. Abhandlungen der DAdW, Klasse Chemie, Geologie und Biologie, 3 (1965) 133–140.

[9] B. PHILIPP, H. DAUTZENBERG und H. LANG: Kinetische Untersuchungen zur Zersetzung von Thiocarbaminaten. Faserforsch. u. Textiltechnik, **19** (1968) 7, 325–332.

[10] B. PHILIPP und H. DAUTZENBERG: Über Kinetik und Mechanismus der Xanthogenatbildung und -zersetzung. Buletinul Institutului Politehnic DIN Jasi, **16** (1970) Sektion 2, 315–324.

[11] H. DAUTZENBERG und H. DALIES: Modellierung des Viskosenachreifeprozesses am Medi 80. Wiss. Z. der TH. Leuna-Merseburg, **14** (1972), 362–367.

[12] K. E. PÉREPELKIN: Beziehungen zwischen der Struktur und einigen mechanischen Eigenschaften von Faserstoffen vom Gesichtspunkt der Festkörperphysik. Faserforsch. u. Textiltechnik, **22** (1971) 4, 171–186.

[13] S. P. PAPKOV: Zur Theorie der Herstellung superfester Polymerfaserstoffe. Chim. Volokna, (1981) 4, 13–16. (Sowjetische Beiträge zur Faserforsch. u. Textiltechnik in deutscher Übersetzung, [1982] 2, 72–77).

[14] J. LENZ: Herstellung, Eigenschaften und Einsatzgebiete der Viskose-Modalfasern (Type HMW). Lenzinger Berichte, **53** (1982), 19–23.

[15] Z. A. ROGOWIN: Cellulose and Cellulose Derivatives. Lenzinger Berichte, **42** (1977), 36–44.

[16] V. GRÖBE, D. BARTSCH, K. MÜLLER und R. JACOB: Hohlfäden nach dem Viskoseverfahren für Dialyse und Ultrafiltration. Formeln, Faserstoffe, Fertigware/Informationen, (1981) 3, 28–34.

[17] VEB Fotochemisches Kombinat, Filmfabrik Wolfen (K. FISCHER), DD-Patent 140 747, (26. 3. 1980).

[18] B. LUKANOFF, H. SCHLEICHER und B. PHILIPP: Untersuchungen zur Auflösung und Verformung von Cellulose in Schmelzen und konzentrierten Lösungen verschiedenerThiocyanate. Cellulose chemistry and technology, **17** (1983) 6, 593–600.

[19] A. D. VIRNIK: Zh. Vses. Khim. Ova., 15 (1970), 3, 321 ff.

Horst Frommelt

Permeationsmembranen für Sauerstoff aus Oligoformal-Polyurethanen

Energiesparende Trennprozesse sind heute ein volkswirtschaftliches Anliegen, welches insbesondere in der chemischen Stofftrennung für großtechnische Verfahren, aber auch in der Hochveredlungschemie und für analytische sowie prozeßsteuernde Vorgänge an Bedeutung gewinnt und zunehmend über Membran-Trennverfahren realisiert wird (Abb. 1).

Membrantechnologie
energiesparende *Stofftrennprozesse*

- Wasseraufbereitung
- Abwasserreinigung
- Ölaufbereitung/Erdölaufbereitung
- Metallaufbereitung
- Analyse von Flüssigkeiten
  von Gasen
  (Detektoren)
- Lebensmitteltechnologie
- Pharmazie

Abb. 1 Einsatz von Membranen für Trennprozesse

In Weiterführung unserer grundlegenden Arbeiten zur ringöffnenden Polymerisation gesättigter Heterocyclen auf der Basis von cyclischen Acetalen zu Oligoformalen und deren Umsetzung mit Diisocyanaten zu Polyurethanen, soll an dieser Stelle über einige Untersuchungen zur Applikation dieser Produkte, speziell für Membrantechnologien, berichtet werden (Abb. 2).

Mit der ringöffnenden Polymerisation soll ein Arbeitsgebiet angesprochen werden, welches gegenwärtig wieder stark bearbeitet wird und dem sich H. Klare in früheren Jahren intensiv und mit Erfolg widmete, speziell der ringöffnenden Polymerisation von ε-Aminocaprolactam zum Polyamid.

Ein Ausgangspunkt unserer Arbeiten war die Nutzung künftig über carbochemische Verfahren zur Verfügung stehender Grundstoffe und Zwischenprodukte für die Polymersynthese als Entlastung der petrolchemischen Einsatzprodukte, möglichst für hochveredelte Stoffe. Zusammenhänge ergaben sich u.a. mit unserem langjährigen Arbeitsgebiet, der Polyurethan-Chemie.

So lassen sich über die ringöffnende kationische Polymerisation der 1,3-Dioxacyclane spezielle Polyacetalpolyole (Oligoformale) herstellen [1] (Abb. 4).

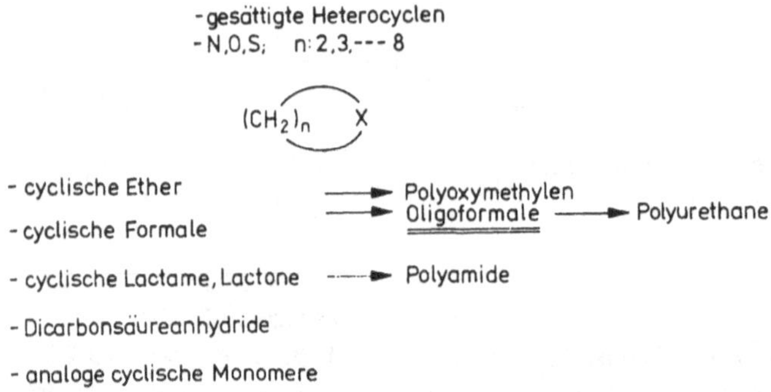

Abb. 2 Cyclische Monomere

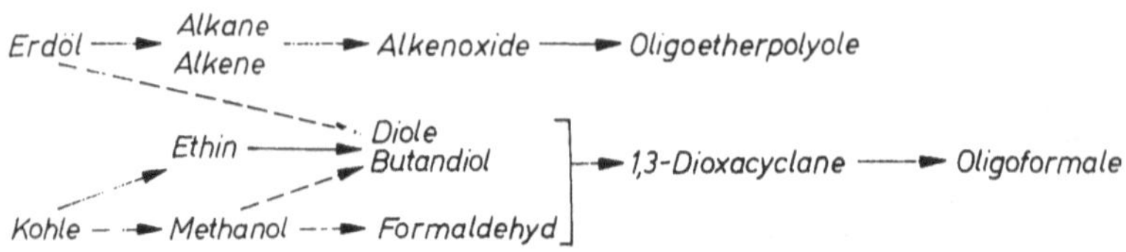

Abb. 3 Herstellung von Oligoacetalpolyolen aus Erdöl bzw. Kohle

Die in Zusammensetzung und Molekulargewicht variabel herstellbaren Polyetherpolyole lassen sich sehr gut mit Diisocyanaten zu Polyurethanen umsetzen [1].

$$\mathrm{HO{-}\!\sim\!\sim\!{-}OH + OCN{-}R{-}NCO} \rightarrow$$

$$\{\mathrm{O(CH_2)_2{-}O{-}(CH_2){-}O{-}CO{-}NH{-}R{-}NHCO}\}_m$$

Die Eigenschaften eines Polyurethans werden bekanntlich weitgehend von der Struktur und dem Molekulargewicht des Polyols bestimmt. Durch Copolymerisation unterschiedlicher cyclischer Acetale lassen sich entsprechend des Verhältnisses der Monomeren im Polymerisationsgemisch und der Polymerisationsbedingungen Oligoacetale in einer relativ großen Eigenschaftsbreite synthetisieren [2] (Abb. 4).

Insbesondere das 1,3,6-Trioxocan (TO) führt im Ergebnis der Polymerisation aber auch in Copolymerisation mit 1,3-Dioxepan zu hydrophilen Polyolen.

Im Zusammenhang mit dem zu behandelnden Applikationsgebiet, den hydrophilen Flächengebilden bzw. Folien besitzen diese aus Butylenglykolformal und Diethylen-

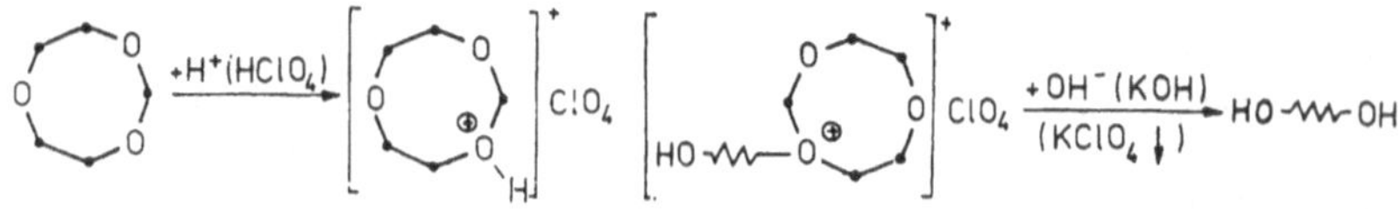

Abb. 4 Ringöffnende Polymerisation des 1,3,6-Trioxocans

glykolformal erhaltenen Oligoformale für unsere Umsetzungen zu Polyurethanen besonderes Interesse auf Grund ihrer hohen Hydrophilie, die durch den zusätzlichen Ethersauerstoff im 1,3,6-Trioxocan bewirkt wird.

Die Einstellbarkeit dieser speziellen Eigenschaften führte zu Untersuchungen für Anwendungszwecke, bei denen hohe Hydrophilie gewünscht wurde, wie Textilbeschichtungsmassen mit hoher Wasseraufnahme, Wasserdampfdurchlässigkeit und Atmungsaktivität sowie für selbsttragende Folien als Membranen.

Im Gegensatz zu Polyurethanmembranen bzw. anderen Polymermembranen, bei denen der Stoffaustausch über Poren, die durch Koagulation gebildet werden, erfolgt, geschieht der Stoffdurchgang, in unserem Fall die Sauerstoff-Permeation, bei diesen speziellen Polyurethan-Membranen durch die hydrophilen Eigenschaften direkt durch die makroskopisch geschlossene Folie. Dabei lagen den eingesetzten Folien folgende Eigenschaften zugrunde (Abb. 5), bei denen Festigkeiten bis 40 $N \cdot mm^{-2}$ bei einer Bruchdehnung von 450% gemessen wurden. Die Wasseraufnahme beträgt 8–10%. Die Eigenschaften lassen sich je nach Einsatzzweck einstellen und stellen bei Membranen in bezug auf Festigkeit und Hydrophilie einen ausreichenden Kompromiß dar, da mit zunehmender Hydrophilie die Festigkeit zunimmt. Die nachfolgende Tabelle zeigt die Abhängigkeit der mechanischen Eigenschaften vom jeweiligen Oligoformaldiol.

Diese aus Formaldiolen entsprechender Zusammensetzung hergestellten Folien hoher Hydrophilie legten es, wie bereits angeführt, nahe, die Sauerstoff-Permeation zu untersuchen.

In diesem Zusammenhang wurden daher Nullpunktkonstanz, Einstellverhalten nach isothermem und nichtisothermem Konzentrationswechsel und aus der Temperaturabhängigkeit des Diffusionsgrenzstromes die Konstante für die Sauerstoffpermeation b_p ermittelt. [3]

$$b_p = \frac{E_p}{R} = \frac{T' \cdot T''}{T'' - T'} \ln \frac{i''_G}{i'_G}$$

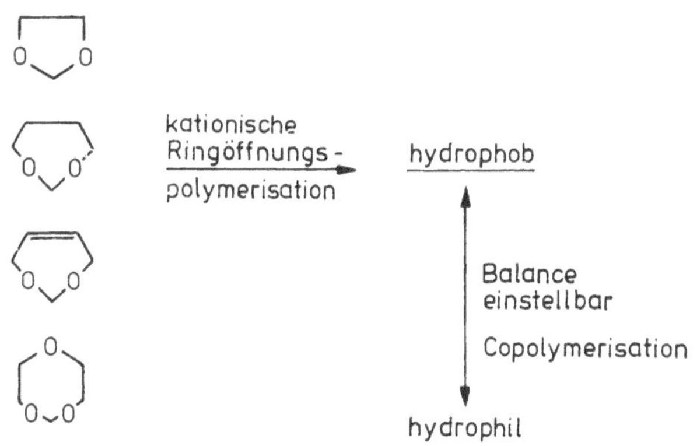

Abb. 5 Abhängigkeit der Eigenschaften von der Copolymerzusammensetzung

Tabelle 1 Die Abhängigkeit der mechanischen Eigenschaften von Formaldiol-PUR von der relativen Molmasse der Basispolyole und deren hydrophilen Anteilen

Serie	mittlere relative Molmasse $g \cdot mol^{-1}$	Anteil an hydrophiler Komponente mol/mol	Zugfestigkeit $N \cdot mm^{-2}$
A	3300	0,48	6,39
B	1950	0,69	12,1
C	1120	0,92	13,1
D	935	0,92	18,5
E	525	0,93	32,5

Aus der Konstanten wurden der Temperaturkoeffizient

$$\alpha_p = b_p \overline{T}^{-2}$$

und die Permeationsenergie

$$E_p = b_p R$$

berechnet.

Folien mit vorstehenden Eigenschaften zeigten auch noch nach einer Laufzeit von einer Woche keine chemischen Veränderungen und die Meßwerte besaßen hohe Konstanz. [3]

Die Abbildungen 6a und 6b zeigen das Einstellverhalten der beschriebenen PUR-Folien.

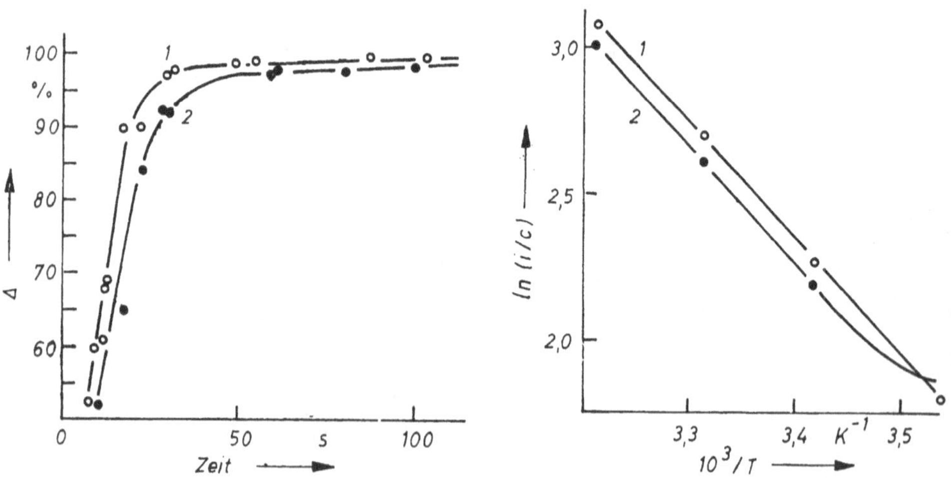

a) b)

Abb. 6a/6b Permeationsverhalten der PUR-Folien

Mit den hergestellten hydrophilen Polyurethanfolien auf der Basis von Oligoformalen wurde eine wesentliche Ergänzung der vorhandenen bzw. bekannten Membranpalette erreicht (Abb. 7).

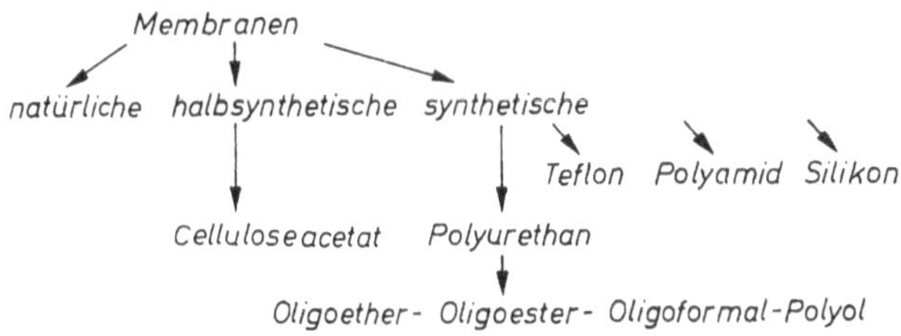

Abb. 7 Stoffliche Grundlagen für die Membranherstellung

Für chemische Trennprozesse wird es kaum einen idealen Polymerwerkstoff geben und das Ziel wird darin bestehen, je nach Einsatzgebiet, Verfügbarkeit und Ökonomie die richtige Auswahl zu treffen, vorhandene Materialien zu modifizieren bzw. spezielle Membranen zu entwickeln.

Die hergestellten Oligoformalpolyurethan-Membranen sind daher auch als Ergänzung zu den vom Institut für Polymerenchemie der AdW der DDR entwickelten Celluloseacetat-Membranen zu sehen, die gegenüber PUR-Membranen in bestimmten Medien ungünstiger sind (Abb. 8).

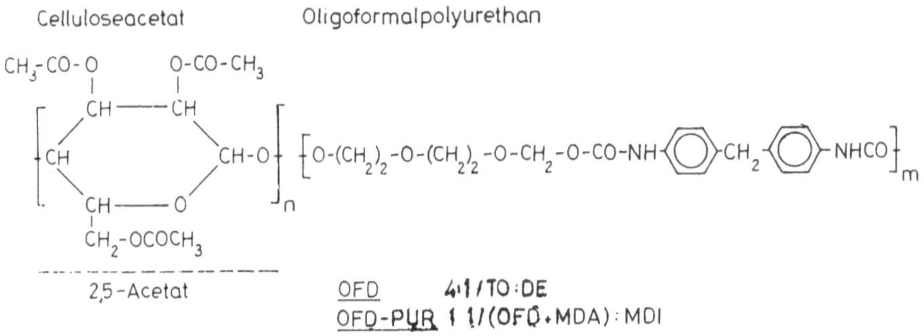

Abb. 8 Struktur der Celluloseacetat- und Oligoformalpolyurethane

Im Gegensatz zu Membranen, die über Koagulationsverfahren hergestellt werden, geht die Herstellungstechnologie hydrophiler Polyurethan-Folien für die Sauerstoff-Permeation über Lösungen, die zu Folien vergossen werden (Abb. 9).

Abbildung 10 zeigt das Verhalten von Oligoformaldiol-PUR-Membranen bei der Sauerstoffpermeation im Vergleich zu anderen Polymermembranen (Abb. 10).

Angestrebt werden in bezug auf die Einstellzeit (s), den Temperaturkoeffizienten (α_p) und die Permeationsenergie (E_p) möglichst niedrige Werte. Aus der Tabelle wird ersichtlich, daß Oligoformaldiol-PUR-Membranen mit hydrophiler Einstellung die weitaus günstigsten Eigenschaften aufweisen.

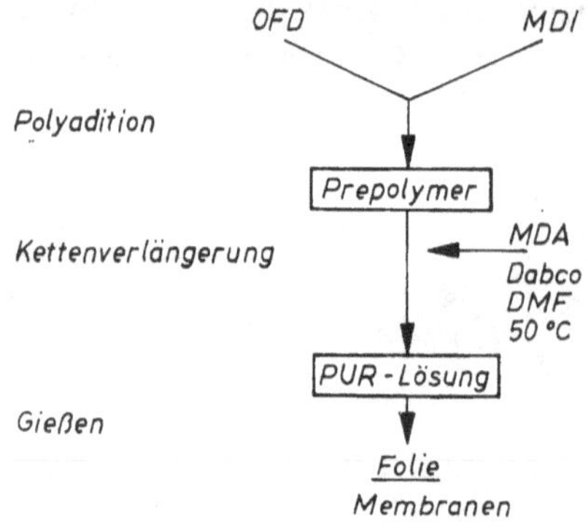

Abb. 9 Herstellung von PUR-Membranen aus Oligoformaldiolen

	Einstellzeit	Temperatur-koeffizient α_p	Permeations-energie E_p
	s	$10^2 \cdot K^{-1}$	$kJ \cdot mol^{-1}$
Polytetrafluorethylen	52		
Polyethylen	50		
PEA PUR	64	7,22	52,1
OFD PUR, hydrophob	97	6,45	51,6
, hydrophob/hydrophil	25	5,83	51,2
, hydrophil	17	4,08	29,1
Celluloseacetat	Quellung, Hydrolysestabilität im alkalischen Medium nicht ausreichend		

Abb. 10 Verhalten von OFD-PUR-Membranen bei der Sauerstoffpermeation in Gegenüberstellung zu anderen Polymeren

Das Einstellverhalten bei membranbedeckten Sauerstoffsensoren, d.h., die Zeit in Sekunden bis zum Erreichen von 90–95 % des Endwertes, entspricht dem Übergang von $C_{O_2} = 0$ auf C_{O_2} = Luftsättigung bei 25 °C, kann zur Abschätzung der Zeitkonstante verwendet werden.

90 %-Zeiten von etwa 70 µm bis 85 µm dicken Oligoformal-PUR-Folien liegen durchschnittlich zwischen 90 und 17 s, während etwa 30 µm dicke Polyethylen-Folien 90 %-Zeiten von 14 s aufweisen. Das heißt, die hydrophilen Oligoformal-PUR-Folien zeigen eine um den Faktor 2 höhere Durchlässigkeit für Sauerstoff. [3]

Derartige Oligoformal-PUR-Membranen werden neben ihrem Einsatz für Sauerstoffsensoren überall dort eingesetzt werden können, wo ihre speziellen Eigenschaften, wie

- niedriger Temperaturkoeffizient,
- niedrige Permeationsenergie,
- driftfreier Diffusionsgrenzstrom,

besonders gefragt sind, unabhängig von den grundsätzlichen Einsatzmöglichkeiten für polare Verbindungen, z. B. CO_2.

Die Grenzen für die Anwendung von Oligoformal-PUR-Membranen sind durch die Acidolyse-Anfälligkeit gesetzt.

Zusammenfassend kann festgestellt werden, daß durch den Einsatz von Oligoformalen auf der Basis von 1,3,6-Trioxocan und 1,3-Dioxepan und deren Umsetzung mit Diisocyanaten, wie Diphenylmethandiisocyanat Polyurethan-Folien mit hoher Hydrophilie erhalten werden konnten. Diese Polyurethane sind sowohl für Membranen als auch für Beschichtungszwecke, z. B. für Syntheseleder besonders geeignet.

Für die effektive Zusammenarbeit bei der Austestung der Membranen für Sauerstoffsensoren sei an dieser Stelle insbesondere Herrn Dr. Spiegel vom Forschungsinstitut Meinsberg gedankt.

Herrn Dr. Rübner vom ZIOC der AdW der DDR danke ich für seine aktive Unterstützung.

Literatur

[1] H. Frommelt und J. Rübner: Acta Polymerica, 30 (1979), 103.
[2] J. Rübner und H. Frommelt: Acta Polymerica, 35 (1984), 415 bis 421.
[3] J. Rübner, G. Gnauck und H. Frommelt: Acta Polymerica, 32 (1981), 238–249.

Hermann Klare

Schlußwort

Sehr geehrter Herr Präsident, lieber Herr Scheler!
Liebe Kolleginnen und Kollegen!

In den letzten Tagen und ebenso heute habe ich viel Angenehmes und Erfreuliches über meine Person und über das gehört und gelesen, was ich tat oder was ich der Mühe für wert hielt zu tun. Ich müßte lügen, würde ich Ihnen erzählen, daß mich diese Laudationes und Briefe nicht erfreut und bewegt hätten. Sie werden mich aber auch verstehen, wenn ich mich gerade in diesen Tagen des öfteren fragte, ob ich das denn wirklich alles vollbracht habe, was da über mich geschrieben stand und was ich zu hören bekam. Wenn ich so etwas überhaupt ausspreche, bitte ich Sie, mir zu glauben, daß ich das nicht aus der eitlen Bescheidenheit tue, die demjenigen so gut ansteht, der so viel Angenehmes über sich erfuhr.

Ich weiß, daß Vieles, was mir heute aus den verschiedenen Wirkungsbereichen und Wirkungsstätten meines Lebens zugeschrieben wird, daß Vieles allenfalls von mir angeregt wurde, und daß fähige und gescheite Mitarbeiter es dann ausführten. Ich weiß auch, daß ich gar nichts allein hätte machen können von dem, was mir gelungen ist, und ich möchte allen, die mir etwas beibrachten und die mir geholfen haben, meinen aufrichtigen Dank sagen, seien es nun die alten Kollegen in Wolfen, in Lichtenberg, in Schwarza oder die jüngeren in Teltow, in Adlershof und schließlich hier in Berlin.

Ich hatte zweimal das Glück während meiner Ausbildung und als junger Industriechemiker mit jeweils einem neu entdeckten chemischen Wissenszweig in unmittelbare Berührung zu kommen und daran mitarbeiten zu können. In Kiel bei Otto Diels und Kurt Alder, meinen verehrten Lehrern, über Dien-Synthesen und in Lichtenberg bei meinem Freunde Paul Schlack über Polyamide und ihre technische Verwendung als Faserstoffe. Ich glaube schon, daß die Arbeiten dieser Jahre, die 1931 mit meiner Dissertation begannen, und die mit dem Aufbau der ersten Polyamidseiden-Anlage in eine ganz neue Chemiefaser-Technologie führten, meinen weiteren Lebensweg und meine Art zu arbeiten geprägt haben. Ich hatte die größte Freude immer am Experimentieren und an der Erkundung der Möglichkeiten, ob wir mit diesen experimentellen Ergebnissen etwas Praktisches anfangen konnten. Infolgedessen ging mein Weg immer wieder zwischen Grundlagenforschung und angewandter technischer

Entwicklung hin und her. Es fiele mir schwer, Ihnen heute zu sagen, wo das eine begann und das andere endete. Ich leugne auch nicht, daß das Organisatorische ebenfalls für mich seine Reize hatte; mein erstes selbstverdientes Geld, von dem ich meinen Lebensunterhalt bestreiten konnte, bekam ich als Verwaltungsassistent bei O. DIELS.

Ob das – heute würden wir sagen – in meiner Kaderakte stand, weiß ich nicht; ich wurde jedenfalls schon in jungen Jahren immer wieder mit Arbeiten betraut, die viel mit Verwaltung, mit Chemie aber nur am Rande zu tun hatten. Nach einiger Zeit habe ich mich dann aber stets wieder zur Chemie abgesetzt, und ich hatte fast immer Vorgesetzte, die dafür Verständnis aufbrachten. Lediglich 1968 habe ich die Schiffe sozusagen hinter mir verbrennen müssen; aber das ließ sich damals nicht umgehen. Ich habe es auch nicht bereut, wenngleich es bisweilen schmerzte. Zugegeben, ich war auch, um mit Tacitus zu reden, „novarum rerum cupidus".

Nunmehr Schluß mit der Retrospektive.

Lieber Herr SCHELER, lassen Sie mich herzlich danken für die Worte, die Sie mir heute widmeten. Ich kann das noch gar nicht alles fassen und so bleibt mir zunächst nur der aufrichtige Dank.

Herzlichen Dank auch Ihnen Herr PHILIPP, Herr RÄTZSCH, Herr REINISCH und Herr FROMMELT für die umfangreiche Arbeit, die Sie sich meinetwegen machten und für die aufschlußreichen und inhaltsreichen Ergebnisse und Entwicklungen unserer gemeinsamen Wissenschaft, die Sie hier vorgetragen haben.

Mir bleibt als Versprechen, daß ich alles tun werde, was noch in meinen Kräften steht, damit wir, Sie und ich, in Frieden weiter arbeiten können und damit dieser sinnlosen Verschwendung von Wissen und Geld für das Geschäft des Elends und Todes ein Ende gesetzt wird.

Wenn wir der Gefahr ins Auge sehen, wenn wir den Gedanken daran nicht verdrängen, dann finden wir auch Mittel und Wege – und seien sie noch so winzig –, um sie allmählich zu bannen.

Wir haben, ich habe 35 Jahre gearbeitet und dazu beigetragen, damit unsere Republik aus Ruinen auferstand, jede Mühe lohnt sich, damit dieses Werk niemals wieder zerstört werde.

FSC
www.fsc.org
MIX
Papier | Fördert
gute Waldnutzung
FSC® C083411

Zeitfracht Medien GmbH
Ferdinand-Jühlke-Straße 7
99095 Erfurt, Deutschland
produktsicherheit@kolibri360.de